U0108616

# 藝術
# 未解之謎

植物大戰殭屍2
未解之謎漫畫

笑江南 編繪

中華教育

菜問

向日葵

花生射手

能量花

火炬樹樁

豌豆射手

椰子加農炮

高堅果

變身茄子

堅果

牛仔殭屍

法老殭屍

淘金殭屍

騎牛小鬼殭屍

鋼琴殭屍

木乃伊殭屍

武僧小鬼殭屍

# 導　讀

　　藝術是人類文明的重要組成部分，歷史悠久的民族往往都有其輝煌璀璨的藝術。英國著名藝術批評家約翰·羅斯金曾說：「各個偉大的民族都以三種手稿書寫他們的傳記，第一本手稿是他們的行為，第二本是他們的言論，第三本是他們的藝術，要理解其中一本就得讀完其餘兩本，但是這三本手稿中唯一值得信賴的是第三本。」然而，對於藝術的理解大多只可意會，不可言傳。而且我們每一個人文化背景不同、審美能力不同、人生經歷不同，即使看到同一件藝術作品，感受都有可能不同，就像人們常說的那樣：「一千個讀者就有一千個哈姆雷特。」

　　在迷人的藝術領域有一些不同尋常的未解之謎，譬如蒙娜麗莎的原型是誰？《安吉亞里戰役》去哪裏了？是誰創作了《廣陵散》？舞蹈是怎麼起源的？《紅樓夢》後四十回究竟是誰寫的……這些未解之謎有些和藝術的起源有關，有些和藝術的創作流變有關，有些和藝術作品背後的歷史有關，有些和藝術作品的下落有關。

　　結合藝術家們「羅萬象於胸中」，嘔心瀝血而成的作品，我們閱讀此書，恰可以把自己的想像補充到藝術作品之中，見仁見智，去領悟藝術創作者的「弦外之音」，窺見藝術大師的精神家園，從而把握藝術作品的美學意蘊和人文內涵！

北京工商大學藝術與傳媒學院青年教師　李家田

# CONTENTS
# 目 錄

1

# CONTENTS 目　錄

CONTENTS
目　錄

## 蒙娜麗莎的原型是誰？

為甚麼我們要排兩個小時的隊，去看一幅早就在書上看膩了的畫呀？

你這個不懂藝術的傢伙，是無法理解藝術愛好者朝聖的心情的。

說起來，如果展出的是年輕版的《蒙娜麗莎》，參觀的人數可能要多一半。

年輕版的《蒙娜麗莎》？難道世界上有兩幅《蒙娜麗莎》？

是的，在瑞士的日內瓦曾經展出過一幅《艾爾沃斯蒙娜麗莎》。

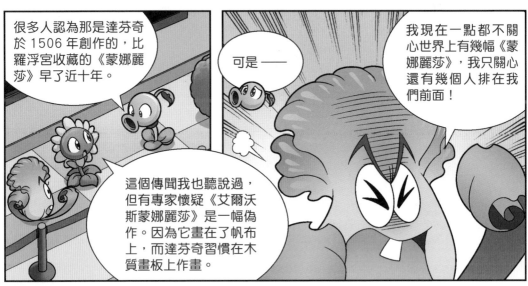

很多人認為那是達芬奇於1506年創作的，比羅浮宮收藏的《蒙娜麗莎》早了近十年。

可是——

我現在一點都不關心世界上有幾幅《蒙娜麗莎》，我只關心還有幾個人排在我們前面！

這個傳聞我也聽說過，但有專家懷疑《艾爾沃斯蒙娜麗莎》是一幅偽作。因為它畫在了帆布上，而達芬奇習慣在木質畫板上作畫。

菜問，既然你這麼不耐煩，那就別排隊了，讓給更想看的人吧。

我偏不！

你到底想怎麼樣？

除非有人陪我一塊兒出去玩。

那我還是排隊吧……

有人說蒙娜麗莎的原型是佛羅倫斯一位商人的妻子。

也有人說她是達芬奇的母親，在我看來——

啊，蒙娜麗莎好美呀！她究竟是誰？

在我看來，蒙娜麗莎就是蒙娜麗莎，我被她的微笑深深地迷住了。

你支持哪種觀點呢？

我怎麼覺得蒙娜麗莎的肚子不太對勁啊……

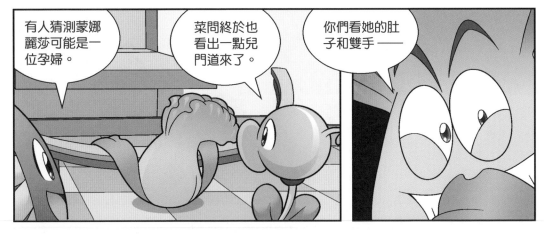

有人猜測蒙娜麗莎可能是一位孕婦。

菜問終於也看出一點兒門道來了。

你們看她的肚子和雙手——

像不像我肚子餓得咕咕叫時的樣子？

你們再看看蒙娜麗莎的頭髮——

夠了，我們不想再聽你的高談闊論了！

《蒙娜麗莎》是世界上最著名的油畫之一，蒙娜麗莎的原型是誰一直是個謎。流傳最廣的說法是她是佛羅倫斯一位富商的妻子，但也有人提出異議，認為如果這幅畫是達芬奇受人委託創作的，那麼他完成後應該交付給委託人，但達芬奇不僅沒有交出去，還一直帶在身邊。因此有人猜測，這是達芬奇的母親或是他本人身穿女性裝束的自畫像，因為缺少足夠的證據，這些說法都僅僅是猜測。

《安吉亞里戰役》去哪裏了？

大家明天見。

這是怎麼了，大家在為甚麼事情生氣嗎？

位於「文藝復興美術三傑」之首的是？

他們為老師的作業題吵起來了。

「美術三傑」之首當然是達芬奇，他創作的《蒙娜麗莎》舉世無雙，米高安哲羅怎麼能跟他相提並論！

米高安哲羅畫的《卡西納之戰》，將戰爭中的人刻畫得入木三分，達芬奇能畫出這麼有深度的戰爭場面嗎？

你們別吵了，我覺得拉斐爾也不錯呀！

你說甚麼！

你就別再火上澆油了！

米高安哲羅是第一！

胡說，達芬奇才是第一！

這可怎麼辦呢？

向日葵你跟我來，我能結束他們的爭論。

真的嗎？

堅果，你帶我來資料室幹甚麼呀？

我記得達芬奇也畫過描繪戰爭場面的作品——《安吉亞里戰役》，我們找到它，和《卡西納之戰》一比，水準高下不就一目了然了嗎？

可是《安吉亞里戰役》不是已經消失了嗎？

據說達芬奇在佛羅倫斯舊宮牆壁上畫的這幅壁畫，後因宮殿改建而消失。有人猜測他的壁畫被另一位畫家瓦薩里所畫的壁畫《馬爾恰諾之戰》覆蓋了。

有了這個，我就能讓達芬奇的《安吉亞里戰役》復活！

這是甚麼呀？

這些紙上的文字好奇怪呀！

這些是達芬奇的手稿。達芬奇習慣用左手，並且總是從右往左寫，用鏡子才能讀懂這上面的文字。

這上面就有《安吉亞里戰役》的草圖。

太棒了！

從這張草圖可以看出達芬奇精湛的技法，只可惜這幅壁畫可能並沒有完成。

達芬奇創作這幅作品的時候正趕上佛羅倫斯城發生戰爭，而且他是出了名的慢工出細活的人。

也有人認為瓦薩里是達芬奇的崇拜者，他並沒有毀掉這幅畫，而是把它藏在了《馬爾恰諾之戰》的後面。

不管怎麼樣，我們先把這些草圖拿給菜問和豌豆射手去看！

不，我要重現《安吉亞里戰役》！

甚麼？

為了讓你們得出結論，我們特地重現了《安吉亞里戰役》！

這是？

都這麼晚了，堅果叫我們來幹甚麼呀？

美術室

11

的確很簡單，答案是達芬奇！

胡說，答案是米高安哲羅！

你們在說甚麼呀？

位於「文藝復興美術三傑之首」的是？

回答問題之前要仔細審題，「位於『文藝復興美術三傑』之首」的當然是「文」字啦！

這樣也可以……

哥哥，我要是答對了這道題，你請我吃大餐好不好？

現在的孩子幹甚麼都要談條件！

**？**

　　《安吉亞里戰役》是達芬奇為了紀念佛羅倫斯擊敗米蘭軍隊創作的，它的下落成謎。據說，佛羅倫斯城政權易主後，新統治者讓畫家瓦薩里在佛羅倫斯舊宮的牆壁上畫上紀念他們勝利的戰役，覆蓋了之前的壁畫。後來有人聲稱在瓦薩里的壁畫上發現了「你尋找便會找到」的文字，認為這是他留下的線索，只是限於現今的技術，找到這幅壁畫恐怕還需時日。

維梅爾利用「暗箱」來畫畫？

唉……

向日葵，你怎麼唉聲歎氣的？

一位朋友送我一份很棒的生日禮物，可惜我用不上。

用不上可以給我呀！

……

14

開玩笑啦，到底是甚麼禮物讓你這麼煩惱？

是一副珍珠耳環。你知道的，學校不讓我們佩戴任何首飾。

而且你也沒有耳洞。這是誰送給你的呀？一點也不了解你。

她是我在網上認識的朋友。

我和她熟識是因為一幅畫。

甚麼畫呀？

《戴珍珠耳環的少女》，我們都很喜歡它。

我知道！那幅畫中的少女非常美麗，她驀然回首的一剎那簡直是驚鴻一瞥，因此被稱為「北方的蒙娜麗莎」。

15

沒想到你也知道。我一直在研究這幅畫，尤其是這位少女的身世。

難道她不是普通的模特兒嗎？

不是，有人說她是畫家的女兒，也有人說她是畫家的心上人。

很有可能。每當我看到這幅畫，都能感受到畫家注視她時的深情。

唉，真不知拿這副耳環怎麼辦！

雖然很可惜，但只能退回去了。

好漂亮的珍珠耳環，這是你的嗎？

是的，這是一個朋友送給我的，不過我正打算退回去。

她的朋友很喜歡維梅爾的《戴珍珠耳環的少女》，所以才送給她這件禮物。

原來如此，那你為甚麼不把它戴在耳朵上，畫一幅跟《戴珍珠耳環的少女》一樣的肖像畫，送給你的朋友呢？

好主意！

我正好在研究維梅爾的繪畫技巧，你來我的畫室，讓我來幫你畫吧！

好！

美術室

這就是我的畫室。

你的畫室怎麼這麼奇怪呀？

據說維梅爾是利用小孔成像的原理來作畫的，類似於照相機的暗箱。

我一直在鑽研這種繪畫技巧，希望有一天能超越維梅爾！

維梅爾利用「照相機」畫畫？這不可能吧？

有人認為維梅爾的作品中間清晰，邊緣模糊，這跟照相機聚焦拍攝的照片很像，有人推斷維梅爾運用了相同的原理創作了這些作品。

聽起來很有道理！不過這並不能說明維梅爾掌握了這項技術，並且將它運用到繪畫中。

我準備好了，快點畫吧！

好的，請你坐到對面的椅子上，並繫好安全帶。

為甚麼要繫上安全帶呀？

為了防止你在我作畫的時候受傷。

小孔成像是反的。為了配合我作畫,只好委屈你了。

救命啊!

你就不會反着畫呀?

你畫得一點都不像我!

藝術源於生活,而高於生活!

維梅爾是 17 世紀荷蘭著名的畫家,他最令人稱道的地方是精準,他的畫作無論是光影變化、人物形象,還是色彩都精準得像照片一樣,因此有人猜測他利用相機「暗箱」來畫畫。之所以這樣說,是因為維梅爾生活的小城代爾夫特以磨製凸鏡聞名,而他本人也非常熱衷投影成像的實驗。但這並不能說明維梅爾掌握了這門技術,並且運用它來畫畫。

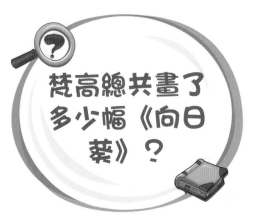

梵高總共畫了多少幅《向日葵》？

鋼琴殭屍，你的信到了！

郵

古董

我的信？

是誰寄給我的呀？

親愛的古董店老闆，感謝您借給我梵高的《向日葵》的仿品，我會儘快還給您的。

又是這樣！儘快到底是甚麼時候？

相信我的作品也能像《向日葵》一樣流芳百世，到時您將會作為我的伯樂載入史冊。

梵高在給他弟弟的信中寫道，他在法國阿爾勒一共畫了六幅插在花瓶中的向日葵，我決心先在數量上超過他。

梵高畫過這麼多幅《向日葵》嗎？

可就在我即將完工時，聽說有人發現了第七幅梵高畫的《向日葵》！有人認為它是偽作，也有人認為它是梵高的真跡。

不管怎麼樣，我一定要去看一看！

我走遍了荷蘭、美國、德國和英國的博物館，看遍了梵高的《向日葵》！

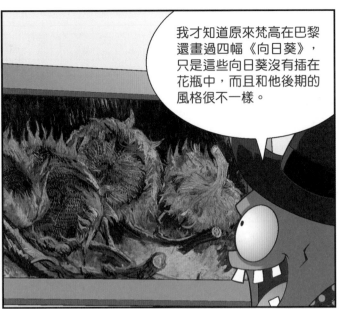

我才知道原來梵高在巴黎還畫過四幅《向日葵》，只是這些向日葵沒有插在花瓶中，而且和他後期的風格很不一樣。

梵高的繪畫技巧也是一步一步成熟起來的。

沒有人天生就會畫畫，梵高也是從基礎學起的，那麼我也有希望！

梵高用他的《向日葵》來裝飾他的畫室，我要用我的作品來裝飾整座城市！

我要走進窮人的房子，為他們畫像，就像梵高當年為工人畫像一樣。

儘管我總是被別人當作粗俗、沒教養的怪物，但我不會改變初衷。

夜以繼日地工作讓我的身體出現了問題，但正如梵高所言「像我這樣的人，沒有權利生病」！

或許梵高當年就是靠着這種不屈不撓的精神創作出《向日葵》的。

23

向日葵象徵着梵高對藝術的熱情，那種渴望達到藝術巔峯的熱情正是我最欣賞梵高的地方！

無論如何，我現在能做的就是不斷地創作，正如梵高所說，「我還虧欠世界一些可以流傳後世的繪畫作品！」

「不是為了某種特定活動應景作樂，而是為了在畫中表達純真的人性」，這就是我和梵高共同的目標！

我現在被不理解我的人抓住了，他們不肯放我走，所以我才會寫這封信向您求救。

甚麼？

請您看在梵高的面子上將我救出去，讓我能繼續完成我的作品！

你亂貼廣告被抓了活該，誰要去救你呀！

親愛的牛仔殭屍，很遺憾，我沒能收到你的來信。

梵高是後印象派畫家的傑出代表，《向日葵》是他的巔峯之作。據説他本來打算畫十二幅向日葵來裝飾他和高更的工作室，但因為和高更決裂，只畫了六幅。後來，拍賣市場上又出現了第七幅，這幅《向日葵》是一幅臨摹作品，有人認為是梵高的真跡，可能梵高不太滿意沒有與人提及，也沒有署名。也有人認為它是高更的仿作，還有人認為它是其他畫家的仿作。

米高安哲羅為甚麼對人體解剖學着迷？

唉，你這樣跟着我淘金也不是個辦法，有沒有想過以後要做甚麼？

我想當一位偉大的醫生！

這個想法不錯。

但是學醫要上解剖課，我害怕……

這有甚麼可怕的，達芬奇為了畫好人體，還專門去醫院解剖死者屍體，研究人體骨骼呢！

真的嗎？

不僅如此，米高安哲羅也十分精通人體解剖學，他還把人體解剖學的知識融入了他創作的壁畫《創世記》中。

他們不都是畫家嗎，為甚麼對解剖學如此着迷？

文藝復興時期的藝術歌頌人體美，尤其是米高安哲羅，十分崇尚人體的力與美。

如果對人體結構不了解，就很難準確地描繪出富有人性或神性的對象。有兩位醫生曾在《創世記》中發現了類似於人的大腦和心臟的圖像。

原來當畫家也需要了解人體結構。

其實每一個時代，藝術和科學都是緊緊結合在一起的。

我好像挖到了甚麼東西！

你挖到甚麼了？

是金子！

淘金殭屍，你的運氣太好了！

我決定把這些金子都送給你。

甚麼？

你別在這裏淘金了，靠你的運氣可能一輩子都挖不到，拿着這些金子去學習解剖學吧。

淘金殭屍，謝謝你！

騎牛小鬼殭屍，你的解剖學學得怎麼樣了？

我現在靠氣味就能分辨出生物的不同部位！

好厲害！快給我表演一下！

這是豬五花肉！

這算哪門子解剖學呀？

你把我的金子全用來吃了呀！

你可不知道，我為了學習解剖學沒少吃苦！

　　米高安哲羅為西斯汀教堂創作的壁畫《創世記》是藝術史上最大的穹頂壁畫，有科學家提出這些壁畫中隱藏着人體解剖學知識。有人認為這是科學家的有意誤讀，目前還沒有任何資料能證明這一點；也有人認為米高安哲羅曾在教會醫院做過十二年的屍體解剖工作，熟知人體結構，並且和教會的關係不好，他很有可能這麼做，意在表現宗教和科學之間的衝突。

# 敦煌壁畫為何能千年不脫色？

繪畫比賽馬上就要開始了，你不在家裏畫畫跑到這裏來幹甚麼？

我是來這裏學習畫畫的！

敦煌壁畫中包括了從 4 到 14 世紀中國的人物畫、山水畫、建築畫等，我們想要看唐代以前的壁畫，必須來這裏才行！

真的嗎？

可是這些壁畫看起來並不怎麼好看啊！

這些壁畫有的已經有一千多年的歷史了，難免會出現模糊不清的地方。

不過，殭屍博士已經發明出了能夠「復原」敦煌壁畫的機器！

真的嗎？

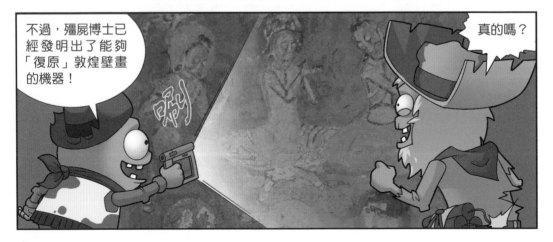

只要參考同時期較完整的壁畫的用色和風格，就可以大致推測出它原來的樣子了！

沒想到敦煌壁畫原來這麼美！

這些保存相對完好的壁畫為甚麼能千年不脫色呀？

可能跟敦煌壁畫的顏料有關，據說顏料中含有天然礦石、進口寶石與人造化合物，能保存很久。

也有人說這裏乾旱少雨，是壁畫不脫色的重要原因。

看來這裏的壁畫隱藏着不少謎團哪！

我想好了，我這次的參賽作品就是它——九色鹿！

你打算拿這幅壁畫的復原圖作為參賽作品？

你這是作弊行為!

我只是借鑒一下北魏時期的壁畫畫風,怎麼能算作弊呢!

這些壁畫真是百看不厭啊!

糟糕,繪畫比賽的評審也來了!

評審老師,騎牛小鬼殭屍要用這裏的畫當參賽作品!

你別嚷啊!

甚麼?

你快點給我鬆手!

好刺眼啊!

糟了!

唰

騎牛小鬼殭屍，你在幹甚麼？

我……我想用我之前畫好的您的肖像畫來參加這次比賽！

您看，這就是我的參賽作品。

這幅畫畫得太逼真了，簡直跟我一模一樣，我宣佈這幅作品就是第一名了！

你這算甚麼評委啊！

這幅畫畫得一點也不像鋼琴殭屍呀！

第一名

可能經過了藝術變形。

敦煌莫高窟保存了從北朝至元代的壁畫，被發現時顏色保存仍然較好，令人驚歎不已。有人認為這可能跟莫高窟的選址有關，這裏乾旱少雨，而且多數洞窟被黃沙掩埋，接觸不到光線，顏料不易發生質變；還有人認為這和敦煌壁畫所用的顏料有關，這些顏料的主要成分是進口寶石、天然礦石和人造化合物，持久性好，不易脫色。

《虢國夫人遊春圖》中哪一位是虢國夫人？

豌豆射手，早上好。

怎麼了？你好像對我有意見？

前天我找你一起打掃，你說沒時間。結果有人看見你在鎮上閒逛。

你不願意幫我就直說，為甚麼要撒謊騙人呢？

是誰看見我在鎮上閒逛的？

是菜問。

那我們現在就去問他，看他看見的是誰。

菜問，你前天看到向日葵在鎮上閒逛，是不是？

對呀！

操場上

這是那天我坐車去外婆家，在路上拍的風景照，時間標註得很清楚，是傍晚呢！

咦，那我看到的是誰？

會不會是雙胞向日葵？

當時我還以為自己眼花了，原來是雙胞向日葵呀！

你害得我錯怪了向日葵……

沒辦法呀，專家都分不清虢國夫人和韓國夫人，我分不清向日葵和雙胞向日葵也很正常啊。

你說的是《虢國夫人遊春圖》那張畫嗎？

是呀，沒想到你也知道那幅畫！

我一直對唐代仕女的服裝感興趣，所以還算有點研究。

那你能告訴我，虢國夫人究竟是畫上的哪一位嗎？

這個問題連專家都沒弄清楚，我只是一個學生，怎麼可能知道！

我這裏正好有一幅複製品，不如我們一起討論下？

你可以醒一醒了，我們一起看畫吧！

你不幫我打掃，整個教室都是我一個人打掃的，累死我了……

有專家認為，虢國夫人應該是中間這兩位騎馬女子中的一位。

為甚麼不是後面那個抱着小孩的呢？

中間的這兩位婦人頭梳「墮馬髻」，衣裙鮮豔，肩上披着錦帛，這些都是唐朝貴族婦女的象徵。

原來有這麼大的講究呀！

還有人認為前面騎馬的才是虢國夫人呢，因為當時很盛行女扮男裝。

等等，我想起來了！我看到的不是向日葵，也不是雙胞向日葵。

張萱是唐朝時的宮廷畫家,《虢國夫人遊春圖》是他的代表作。這幅畫再現了楊貴妃的兩位姐姐 ——虢國夫人與韓國夫人攜家眷盛裝出遊的場景,展現了盛唐風采。但是這幅作品完成後沒多久,「安史之亂」爆發了,這幅畫原作也失蹤了。至今無人知曉畫中人物的具體身份,也無法確切指出哪一位才是虢國夫人,只能從氣質和容貌上來推斷。

《清明上河圖》描繪的是哪個時節的情形？

甚麼破電影！連《清明上河圖》描繪的是哪個時節都沒有弄明白！

呸

這部電影實在太美妙了，我好想穿越到宋朝去看一看！

這部電影拍得這麼差勁，你還說它美妙？

你懂甚麼？這部名為《清明上河圖》的電影，為了真實再現北宋時期的風土人情，整整拍了兩年。

花這麼多時間都沒有弄清《清明上河圖》描繪的是秋天的景色，而不是清明時節的，真是捨本逐末。

張擇端的這幅畫叫《清明上河圖》，怎麼可能描繪的是秋天的景色呀？

你太無知了，古人說的「清明」指的是「政治清明」。

你們倆不累嗎？這個問題有必要這麼較真嗎？

當然有，這個問題涉及創作態度的問題！

你來得正好，你來說說這部電影怎麼樣！不要亂說話，否則——

嗯……

既然你們誰也說服不了誰，我把導演叫來好了。

你認識導演？

喂，是功夫銅鑼殭屍嗎？有人質疑你拍的電影，快過來一趟吧！

好緊張，導演拍了這麼好看的電影，我應該怎麼表達我的讚美呢？

當面說人家電影拍得不好，會不會不太好啊？

怎麼了？是誰質疑我拍的電影？

我——

導演！

您拍的這部《清明上河圖》太好看了！簡直前無古人後無來者……

我……

不，您拍的根本不是《清明上河圖》。

對，我——

《清明上河圖》表現的根本不是清明時節的景色，已經有學者提出了質疑。

您不要聽他胡說八道，這部電影拍得非常好！

你這是在捧殺他！

胡說！

兩位，能不能先讓我說一句？

嗯？

你們跟我來。

看仔細了，我拍的是《清月上河圖》，不是《清明上河圖》。

清月上河圖

我的電影講述的是未來的人類清除完月球上的敵人之後，衝出銀河系的故事！

你竟然弄錯了導演，害我出醜！

　　《清明上河圖》是北宋時期的風俗畫家張擇端的名畫，這幅畫到底描繪的是哪個季節一直存有爭議。多數學者認為描繪的是清明時節北宋都城汴京的風土人情，但也有人認為圖中出現了北宋時期在中秋節前才售賣的「新酒」，應為秋季；還有人提出圖中出現了夏裝、蒲扇等夏天的物品，應為夏季。這些爭議可能是因畫家在作畫時沒有嚴格統一季節引起的。

為甚麼《富春山居圖》難辨真假？

我的《富春山居圖》！

嘿，幫我抓住那卷畫！

看我的!

別弄濕了!
哎——

我的畫呀!差點就變成「剩山圖」和「無用師卷」了。

你這話是甚麼意思?

傳說清朝一位官吏臨死前想燒毀《富春山居圖》,幸虧被人搶了出來,但畫已燒成兩段,一段被稱為《剩山圖》,一段被稱為《無用師卷》。

原來如此!不過我聽說《富春山居圖》並不是黃公望畫的。

你胡說！《富春山居圖》已經公認為黃公望所作，上面還有乾隆皇帝的題跋，怎麼可能有假！

有乾隆皇帝題跋的是《子明卷》，有人說這幅畫是明朝畫家董其昌模仿的。

董其昌？

董其昌是明朝著名的畫家，他年輕時學習繪畫就是師法黃公望，把他當成自己的偶像。

我的《富春山居圖》上也有很多題跋，難道它仿的是董其昌的畫作？

密密麻麻的題跋……仿的肯定不是《剩山圖》和《無用師卷》。

可惡！我要去找店家算賬。

沒用的，他會說乾隆皇帝都認可了這是《富春山居圖》。

最關鍵的是，市面上有許多《富春山居圖》的臨本、仿本，甚至偽本，真假難辨。再加上六百年來它幾經易手，連《剩山圖》和《無用師卷》的真偽都曾被人懷疑。

難道這個世界上就沒有人能鑑別《富春山居圖》的真偽嗎？

對，所以你就吃虧買個教訓吧。別把拙劣的仿作當成寶貝。

哈哈哈，沒人能鑑別太好了！

你是不是受不了刺激發瘋了？

我可以把這幅仿作拿去複製幾百份，騙一騙那些不懂藝術的殭屍。

你居然想騙自己人？

不騙自己人，難道讓我去騙植物嗎？

你常在這城裏撐船，快告訴我幾家暴發戶的名字。

就算是暴發戶，也不一定會上你的當啊！而且，我會讓他們聽一聽這個。

不騙自己人，難道讓我去騙植物嗎？你常在這城裏撐船，快告訴我幾家暴發戶……

又阻止了罪案發生，偽裝成船夫收穫還挺不錯的。

聽說那個船夫行俠仗義，做了不少好事呢。

那根本不是船夫，是便衣警察！

　　《富春山居圖》本是黃公望贈送給友人無用師和尚的，無用師圓寂後，這幅畫流落民間，多次易主。後世許多畫家為了牟利，臨摹《富春山居圖》，並偽造成真跡，其中最有名的是《子明卷》。據說，乾隆皇帝同時得到了《子明卷》和《無用師卷》，但他更珍愛《子明卷》，直到20世紀上半葉，《子明卷》才被認定為贋品，《無用師卷》的價值被重新發現。

斷臂的維納斯擺出的是甚麼姿勢？

木乃伊殭屍，昨天我讓你去搬一尊維納斯雕像放在這裏，你怎麼沒去？

報告法老殭屍，我的左臂骨折了，搬不動維納斯雕像。

哪兒骨折了？

就是這裏。

這不是跟平時一樣嗎？

52

平時我的確也纏着繃帶，但這次我纏的是醫用繃帶。

好吧，你渾身都是繃帶，想揭穿你的謊言都沒辦法。

我可沒說謊，不信你可以看一看醫生開的證明。

算了，我已經讓死神殭屍去搬了。

法老殭屍，我把維納斯雕像搬來了。

這怎麼可能是維納斯！她甚麼時候裝上手臂了？

那裏的人跟我說，這是復原後的維納斯雕像。

你還想騙我！維納斯是愛與美的女神，怎麼可能是個紡紗女！

這是一位美國作家提出的，她認為維納斯右手拿着紗線，左手拿着紡線工具。不過也有人認為維納斯的右手撫着腰布，左手拿着蘋果。

哦，我覺得還是拿着蘋果比較合適。

那我把蘋果放上去？

你這已經是紡紗的姿勢了，放個蘋果有甚麼用啊？

我問你，你到底是從哪裏搬來的維納斯雕像？

就……就是從宮殿旁邊的美術學校裏搬來的呀！

誰讓你去那裏搬了！

只有那兒有維納斯雕像啊。

木乃伊殭屍，你本來打算去哪兒搬呢？

也……也打算去那所美術學校……

我是讓你們去羅浮宮搬！

我們還是起義吧！法老殭屍這是逼我們犯罪呀！

《米羅的維納斯》俗稱《斷臂的維納斯》，創作於公元前1世紀左右，它一出土就失去了雙臂，使完美的雕像「美中不足」。幾百年來，眾多學者、藝術愛好者不斷猜測她的手臂究竟是甚麼樣子。有人認為她的雙手握着勝利的花環；有人認為她正準備沐浴，因此右手握着腰布，左手撫着頭髮；還有人認為她右手挽裙，左手握着蘋果……至今沒有定論。

大衛的手中藏着甚麼祕密？

向日葵，快把球傳給我！

接住！

啊！

看我的！

菜問？

你剛才不是不願意跟我們一起玩嗎，現在幹嗎又來搗亂？

我是看你們玩球太無聊了，想邀請你們來猜謎！

猜謎？猜中了有甚麼獎勵嗎？

當然有！

你們要是能猜出我手中藏着甚麼，我就將我的植物鎮限量版文具盒送給你們！

好想要……

等一等，醜話說在前，如果你們沒猜出來的話，那個球就歸我了！

這……

你剛才還去搶球，手裏應該甚麼東西都沒有！

這就是你的最終答案嗎？

這道題對你們來說的確有點難度，不如我給你們一點提示吧！

這個姿勢是……

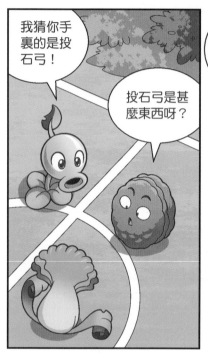

我猜你手裏的是投石弓！

投石弓是甚麼東西呀？

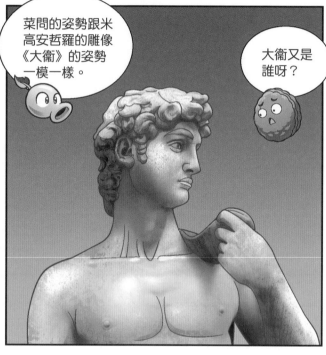

菜問的姿勢跟米高安哲羅的雕像《大衛》的姿勢一模一樣。

大衛又是誰呀？

大衛是《聖經》中的人物，他打敗了巨人哥利亞，保護了自己的家鄉和人民。米高安哲羅曾以他為原型創作了大理石雕塑《大衛》。

莫非菜問是在提示我們，他手裏握着的東西和大衛手裏握着的一樣？可這是個未解之謎呀！

這個問題大家爭論了很久,有人認為是石子,有人認為是投石弓,還有人認為是保護手指的指環。

把大衛的手掰開不就知道了嗎?

它那麼美,誰忍心只為了看一眼它手裏握着甚麼而去損壞它?

哈哈,我就知道你們猜不出來!

那可未必!

我們只要一人猜一種大衛手裏可能握着的東西,不就贏了嗎?

甚麼?

我猜你手裏的東西是石子!

我猜你手裏的是指環!

豌豆射手該你了，快點說他手裏的是投石弓！

對呀，你只要說出來，我們就贏定了！

你們在這裏吵甚麼呢？

火炬樹椿老師！

正好讓火炬樹椿老師來做見證人，這下你可不能賴賬，菜問！

甚麼見證人？

我猜你的手裏握着的是空氣。

甚麼？

你猜對了。

原來他擺出大衛的姿勢是為了擾亂我們呀！

太棒了！這下我也有限量版文具盒了！

火炬樹椿老師，甚麼事情讓您這麼傷心啊？

菜問，你已經輸給我們了，為甚麼還笑得這麼開心？

剛才我跟菜問打賭，如果他能讓你們停下來全神貫注地看着他的手，我就要送給他一整套限量版文具大禮包！

甚麼？

哈哈！這個禮包裏除了文具盒以外，其他的東西都是我的了！

菜問，我們兩個的限量版文具盒呢？

呀，我忘了還要給你們倆獎品！

**?**

《大衛》是米高安哲羅最著名的雕塑作品，它取材於《聖經》中的一個神話故事，塑造了一個勇敢無畏的少年形象。關於這座雕像一直有一個謎，即大衛的右手中到底握着甚麼？有人認為他手裏握着專門用來投擲石塊的武器的一部分，並且可能就是靠着這個祕密武器打敗敵人的；也有人認為他右手握着固定牧羊棍的把手；還有人認為他握着自己的指環。

《第八交響曲》
完成了嗎？

唉！我的青春……

你怎麼亂扔紙屑呢？

你懂甚麼，我這是在祭奠我的青春！

你扔掉的不是廢紙嗎？

那是我年少時寫的日記！

那就更不該扔了，多有紀念價值呀！

你不懂，像我們這種帶有藝術氣質的人，最喜歡撕稿、焚稿甚麼的，比如芬蘭音樂家西貝流士……

我聽過西貝流士的《芬蘭頌》，非常大氣磅礡，它被稱為芬蘭的「第二國歌」！

關於西貝流士，還有一樁懸案。

快說來聽一聽，我最喜歡聽故事了。

西貝流士從1924年就在構想《第八交響曲》，他還許諾讓美國著名的指揮家庫塞維茲基來詮釋這部作品。但是指揮家一直沒收到這部作品的樂譜。

他是江郎才盡，寫不出來了吧？

據說《第八交響曲》已經完成了，不過他不太滿意，把手稿焚燒了。

既然已經燒毀了，為甚麼還說它是一樁懸案呢？

以前的作曲家都是僱人謄寫樂譜的，最近有人聲稱發現了幾份殘缺的《第八交響曲》的拷貝……

但是誰也不能確定存世的就是那首曲子吧？

對，人們希望能夠重現這首曲子，並且弄清西貝流士為甚麼要毀掉手稿。

說不定我剛剛扔出去的青春日記被人撿到了，也會當作寶呢。

音樂家真是了不起呀！所作的曲子可以流芳百世。

我也不差呀！

剛剛是誰往窗外亂扔紙屑的？

是他！

看！這些紙屑都被風吹到我的湯裏了，你要怎麼賠我？

呃……

這碗湯是用來祭奠我的青春的！你要賠我雙倍的錢！

你們幹嗎都來火車上祭奠青春啊？

　　西貝流士一生創作了百多部作品，但在1924年後便陷入沉寂。隨後他開始構思《第八交響曲》，但遲遲未交稿，有人認為他江郎才盡，沒有完成；也有人認為他習慣反覆修訂，《第八交響曲》已經寫出來了，但一直處於修訂階段；還有人稱西貝流士不滿意這部作品，焚燒了所有手稿。這部樂章是否完成，西貝流士焚毀手稿的背後有甚麼隱情，至今是謎。

是誰創作了《廣陵散》？

向日葵，原來是你在彈奏《廣陵散》啊，真好聽！

遇到行家了！那你知道《廣陵散》的作者是誰嗎？

這可是個未解之謎！

之前我一直以為是嵇康，後來才知道他也是從別人那裏學來的。

直到《神奇祕譜》出現，人們才又見到了《廣陵散》的樂譜。

但《神奇祕譜》的現世，使大家開始懷疑嵇康究竟是不是《廣陵散》的作者。

對，《晉書·嵇康傳》中曾記載，一天有客夜訪嵇康，這位客人特意彈奏了《廣陵散》教給他。後來嵇康去世，《廣陵散》的樂譜也失傳了，直到……

《廣陵散》樂譜中有「取韓」「衝冠」「發怒」「投劍」等小標題，完全契合聶政刺韓王的史實。

是呀，過去大家都以為《廣陵散》是嵇康為了諷刺司馬政權所作，但《神奇祕譜》顯示《廣陵散》講述的是聶政刺韓王的故事。

漢朝蔡邕所着的《琴操》裏也提及聶政逃到深山裏苦練古琴，後趁召入宮中演奏的機會刺死韓王，以報父仇的故事，和《廣陵散》的曲情一致。

怪不得這首古琴曲裏總有一股殺伐之氣，與其他的琴曲有很大區別。

雖然不知道《廣陵散》的作者是誰，但它的確是一首很棒的曲子。

對呀，我特別喜歡。

那麼我是否有幸再聽你彈一遍呢？

你真的很想聽？

當然啦！

《廣陵散》的作者是誰？這個問題爭論了一千多年，始終沒有定論。有人認為《廣陵散》是流行於廣陵（今揚州）一帶的民間音樂，經過歷代加工，形成旋律繁複的樂曲。也有人認為它的作者是魏晉時期的奇才嵇康，在嵇康之前《廣陵散》只是小曲或宴樂曲中的小插曲，經過他的二次創作，《廣陵散》成為絕世名曲。

《霓裳羽衣曲》
失傳了嗎？

我回來了。

有人貼出了一張懸賞公告，誰能重現《霓裳羽衣曲》，就獎勵誰1000元！

你幹嗎打扮成這個樣子？

還有這種好事？

我買好了羽衣，卻不知道去哪裏找《霓裳羽衣曲》的譜子。

恐怕你一輩子都找不到。

你為甚麼這麼說呀？

因為《霓裳羽衣曲》在唐朝「安史之亂」後就失傳了。後來南唐皇帝李煜和大周后補齊了大部分，但在北宋攻破金陵城時，曲譜又被燒毀了。

後世關於《霓裳羽衣曲》的記載真假難辨，不過我聽說《白石道人歌曲》裏還保留着殘缺不全的樂譜，但可能跟原曲相差很大。

白石道人？他跟師父您一樣厲害嗎？

白石道人是南宋詞人姜夔，他精於音樂，是中國古代傑出的詞曲作家。

不管那麼多了，我們就用他記載的譜子來練習吧。

也行，先拿到 1000 元獎金再說！

這麼多天了，比賽是不是有結果了呀？

我明明已經很努力了，可獲獎的卻是別人！

是誰呀？

原來是植物鎮貼的懸賞公告啊！

向日葵！

植物們雖然看我很不順眼，但是對我的舞技給予了一致好評。

你居然深入敵營去參加比賽，真是要錢不要命！

《霓裳羽衣曲》是唐代宮廷最著名的舞樂，傳說楊貴妃曾以此曲編舞，引得唐太宗親自擊鼓伴奏。但「安史之亂」後，這首舞曲卻失傳了。後來南唐後主李煜和大周后曾將此曲補齊，卻被宋朝的戰火付之一炬。直到南宋時期，姜夔才在自己的《白石道人歌曲》中將失傳的《霓裳羽衣曲》復原出來，但據說跟原版的舞樂無法同日而語。

舞蹈是怎麼起源的？

你在幹嗎呢？

啊！你嚇我一跳。

《舞蹈起源論》？這是甚麼呀？

歌舞大賽馬上就要開始了，我想培養一批隊員跟我一起去參加比賽！

你開辦舞蹈班還要寫論文？

是武僧普通殭屍讓我寫的。他說無規矩不成方圓，要是我寫不出好的論文來，就別想開舞蹈班。

唉，人浮於事就是這樣，沒事幹還愛刁難別人。

師父，您幫幫我吧，還有好多字沒寫呢。

他讓你寫多少字？

10000 字。

師父幫不了你。

別這樣，您要幫我實現夢想啊！

夢想是你的，要靠你自己去實現。

可我真的不知道舞蹈是怎麼起源的呀！

舞蹈是表達人們的內心感情，反映社會生活的一種藝術形式。

詞典上的內容我也知道啦。

你看這是甲骨文的「舞」字，有人認為它像是原始人拿着牛尾跳舞，也有人認為它像是巫師拿着羽毛舉行祭典，還有人認為它像是一個人兩手舞動花枝，總之這說明舞蹈可能跟祭祀活動有關。

被您這麼一說，真的都很像喲！

不過商朝的甲骨文出現的時間比較晚，舞蹈肯定在這之前就已經出現了。

你早說呀，我都寫上去了。

距今 5000 年前的甘肅馬家窯文化遺址曾出土過一個彩陶舞蹈紋盆，說明從那時起就有跳舞的風俗了。

5000 年前……
好厲害呀！

好啦，教了你這麼多舞蹈起源的知識，你就整理一下寫成論文吧。

不，我改變主意了。

嗯？

我要去發掘彩陶盆，一定能賺到更多錢。

你不是為了向向日葵復仇才開辦舞蹈班的嗎？

這種話你也信？

當然是為了賺錢才幹的嘛。

唉，你這種性格，能幹好甚麼事？

舞蹈是人類創造出的第一種真正的藝術，藝術史學家發現在史前人類時，舞蹈就是非常重要的活動，祭神、婚喪、狩獵、戰爭等重要的場合都離不開舞蹈。關於舞蹈的起源也有多種説法，比如「巫術説」，認為舞蹈是原始人與神靈溝通的方式；「勞動説」認為舞蹈起源於勞動的過程；「情感説」認為舞蹈是人類用來釋放內心的情緒，表達精神需求的方式。

# 《詩經》的作者是誰？

觀眾朋友們，殭屍城選美大賽決賽馬上就要開始了。

從上百人的殘酷海選中脫穎而出的這三個人，將在今天晚上選出誰是第一名！

這三位百裏挑一的美男子究竟長甚麼樣？

請大家為你心目中最帥的選手，投出寶貴的一票吧！

這也太難選了吧！

這次我們將按照《摽有梅》中提到的投票方式來投票！

「摽有梅」是甚麼意思呀？

《摽有梅》是《詩經》中的一篇，它有兩層意思：一是說梅子紛紛墜落，一是說扔擲梅子。

扔擲梅子幹甚麼呀？

在中國古代，女子向男子扔擲水果，表示她覺得這個男子長得帥。傳說西晉時期的美男子潘岳坐着小車出遊，路上的女子都向他扔水果，結果水果把小車都裝滿了呢！

原來《摽有梅》這篇詩歌講的是女子向自己心儀的男子拋出梅子的故事呀！

請各位觀眾向自己支持的選手扔擲水果，得到水果最多的人，將會獲得「最帥美男子」稱號！

好！

接招吧!

你這也太用力了吧!

為了成為「最帥美男子」，我一定要堅持下去!

沒想到大家如此踴躍，我在這裏代表節目組感謝大家的支持!

這位老人家，您都這麼大年紀了還來參加投票呀?

我就是想問問主持人，《詩經》的作者是誰?

這個問題還真不好回答，大家普遍認為《詩經》是由不同地域、不同階層的人共同創作的，具體每首詩的作者，大部分已無法考證了。

不過《詩經》的主要採集者倒是有據可查，據說是周代的重臣尹吉甫，甚至還有人認為《詩經》是他一人所作。

這麼說，這首《摽有梅》的作者有可能是尹吉甫嘍？

尹吉甫你給我出來，我跟你不共戴天！

尹吉甫怎麼惹到你了？

他的破詩害得我的水果店被人搬空了！

啊！

是斗篷殭屍發起的這個活動，你為甚麼不找他算賬啊？

對呀！

　　《詩經》是中國第一部詩歌總集，收錄了自西周初年至春秋中葉大約五百年間的詩歌，時間漫長，涉及區域廣，因此大多數學者認為《詩經》絕非一人所作。但也有人認為，《詩經》裏的詩篇篇具有鮮明的個性，作者很可能是尹吉甫，他既是周朝的史官，也是詩人。《詩經》中的確有尹吉甫創作的詩篇，但是否全部為他一人所作，還有待考證。

《山海經》描寫了哪些地區的地理情況?

咦,這是甚麼?

難道是藏寶圖?

兄弟們,快過來幫我研究一下,說不定會發大財的!

這顆紅星代表的應該是寶藏所在地。

那這顆藍星呢？

可能是回血恢復點？

你是不是電腦遊戲打多了，走火入魔了？

那你說這顆藍星代表着甚麼？

呃……我要是知道，還能問你？

你們在做甚麼，為甚麼圍成一團？

法……法老殭屍！

你拿的是甚麼呀，鬼鬼祟祟的。

唰ㄐ

快說，不然……

我說！我說！

我發現了一張藏寶圖，想讓他們倆幫忙研究一下。

發現藏寶圖為甚麼不上交？還想瞞着我！

上交了我還能發財嗎！

這不是還沒來得及上交嘛。

我看一看。

嘍

這上面畫的不是《山海經》中記載的地方嗎？

《山海經》是甚麼呀？

《山海經》是中國古代的一部奇書，書中描述了許多地方的地理風貌、奇珍異獸，但是這些地方在哪裏，這些事物是否真實存在，迄今還沒有人能給出確切的答案。

你看，這圖中畫的高山被淹沒在海中，這跟《山海經·海內北經》中描述的一樣！

難道這上面畫的是蓬萊山？

有人認為《山海經》描述的是古中國巴蜀、荊楚地區的地理概況；也有人認為它描述的是熱帶地區。

還有人認為它描述的地方和阿拉伯半島十分相似。

當然，也有人認為這些地方和事物都是虛構的，並非真的存在。

難道這張藏寶圖是假的？

我相信這張藏寶圖一定是真的！您派我去尋找這處神祕寶藏吧。

你以為我傻嗎？你找到了肯定會獨吞的。

那您可以派另一個人來監視我呀！

這倒是個好辦法。

死神殭屍，你過來！

是，法老殭屍。

咦，法老殭屍，你手上的是——

這張地圖是——

你認識這張藏寶圖？

我弟弟最近迷上了藏寶故事，您手上的這張藏寶圖就是他根據故事裏的情節畫的。

法老殭屍，您為甚麼要把這張紙撕了呀？

[?]

《山海經》成書於戰國時期，記述了各地山川、礦產、動植物等方面的情況。不過，《山海經》描述的地理範圍一直是個謎，有人認為它描述的地域遠遠超出了中國如今的版圖，涵蓋了上古時代的中亞和東亞地區；也有人認為它描述的地方和兩河流域的環境相近；還有人認為裏面提到的許多國家都子虛烏有，它們都是作者虛構和想像出來的。

「完璧歸趙」中的和氏璧是甚麼做的？

椰子加農炮？

你要是不給我城池，我就將這塊和氏璧撞碎在柱子上！

你這是在幹嗎呀？

別吵，我正在重演場景，尋找我弄丟的和氏璧呢！

和氏璧？

你沒有聽過「完璧歸趙」的故事嗎？和氏璧是趙國的無價之寶，秦王想據為己有，結果趙國大臣藺相如發揮聰明才智將和氏璧送回了趙國！

這麼貴重的寶貝怎麼會落到你手裏呢？

據傳，秦朝統一六國後，又得到了和氏璧，並把它做成傳國玉璽。後來這玉璽在五代時期的後唐失蹤了，從此下落成謎。

但昨天我遇到變身茄子，他說他知道和氏璧的下落，並把它賣給了我。

他怎麼會知道和氏璧的下落？

變身茄子說他一直在研究和氏璧，他發現和氏璧可能是鑽石而不是玉，大家都找錯了方向。

和氏璧不是玉嗎？

變身茄子說，如果是玉石這樣的稀鬆平常之物，秦王怎麼捨得用15座城池交換？可惜我又把它弄丟了。

我來幫你一起找吧。

不用，我自己找。

萬一你找到了，要求我分你一半，那可就不划算了！

你真是以小人之心度君子之腹！

我……我的
大鑽石！

鑽石可是世界上
最堅硬的寶石之
一，怎麼可能一
踩就碎！

和氏璧呀！你
就這樣離我遠
去了……

跟你說不明白，
我們直接拿去鑑
定吧。

去就去！

你找的鑒定專家是他？他才是真正的騙子呀！

我懷疑整個事件是你們倆合謀。

和氏璧是中國古代著名的美玉，關於它有許多傳說，也有許多未解之謎，其中之一就是它的材質是甚麼。有人認為它是獨山玉，最早發現璞玉的卞和是楚國人，而宛城（今河南南陽）當時是楚國重鎮，很早就開始開採玉石，卞和很可能就是在此得到的玉石。除此之外，還有「月光石」「綠松石」「碧玉」「藍田玉」「鑽石」等多種說法。

孫悟空的原型是誰？

向日葵，你從哪兒弄來的蘋果呀？

我從堅果家裏拿的，他家的果園每年都會結很多蘋果。

堅果，我來了！

堅果，你這是要去哪裏呀？

可算找到你了！

剛才摘的蘋果分完了，我再去摘點。

讓我來保護你吧，師父！

你這是要幹嗎？

這一路上危險重重，讓我來護送你取得「正果」！

你是想吃我的蘋果吧？

只有真正的孫悟空才能保護師父去果園取「正果」！

來者何人？

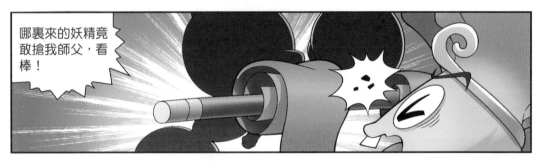

哪裏來的妖精竟敢搶我師父，看棒！

我才是真正的孫悟空！

就這身打扮還說自己是孫悟空？你到底看沒看過《西遊記》呀？

有人說《西遊記》中孫悟空的原型是印度史詩《羅摩衍那》中的神猴哈努曼，我這身打扮跟哈努曼一模一樣！

你不要信口開河，有本事拿出證據來！

孫悟空竟然是「印度神猴」？

佛教從印度傳入中國後，神猴哈努曼的故事廣為流傳，他的遭遇跟孫悟空的遭遇相似，這些足以說明作者在寫《西遊記》時借鑒了這個故事。

我決不允許你這個假孫悟空在這裏妖言惑眾，吃我一棒！

哈努曼的武器是尾巴，人稱「虎頭如意棍」，你那根如意金箍棒說不定就是抄襲來的！

你說甚麼？

看招！

你就這點能耐嗎？

我曾經大鬧天宮，你有甚麼本事？

我曾大鬧楞伽城，偷闖御花園，而且還曾驅逐太陽神，本事比你大多了！

你們別鬧了，我有辦法分出誰是真正的孫悟空！

真的嗎？

辦法？

我默唸緊箍咒，誰的腦袋疼誰就是真的孫悟空！

你還真把自己當成師父了……

阿貓阿狗阿……

啊！師父別唸了，疼啊！

你還挺會演戲呀……

菜問，你是不是又在欺負同學？

我沒有呀！

97

老師，菜問這次的確沒有欺負人。我們在討論孫悟空的原型到底是誰呢！

孫悟空真的是印度神猴哈努曼嗎？

原來你們是在討論這件事呀。

有人認為孫悟空的原型是哈努曼，還有人認為是一位叫石磐陀的胡人，玄奘曾收他為弟子。

胡人？

「胡僧」與「猢猻」諧音，而且他的名字叫石磐陀，孫悟空又是從石頭裏蹦出來的，所以這個可能性也很大！

聽到沒有，老師說石磐陀才是孫悟空的原型！

老師只是說可能！

這件事還沒有定論，你說的也不是沒有道理，所以我特准你跟我們一起去取果子！

太好了，謝謝你堅果！

原來你家果園裏的果子早被高堅果摘走了，害得我們浪費這麼多時間。

你們別走啊，再過一年這些果樹又會結滿果實的！

孫悟空是中國古典小說《西遊記》裏的人物，他的原型是誰學界有很多種説法。有人認為是印度神猴哈努曼，《羅摩衍那》中曾寫過哈努曼保護王子，打敗各界妖魔的故事，和《西遊記》裏孫悟空的遭遇相似；也有人認為是胡人石磐陀；還有人認為是中國古代神話中的淮水水怪無支祁，他形似猿猴，擅長搏擊、跳躍和奔跑。

《永樂大典》的正本流落到了何處？

嘿嘿，我要發財啦！

住在這麼破的小木屋裏，能發甚麼財？

你……你為甚麼在我的房間裏？

我來找你喝茶，看到門沒關就進來了。

咦，有人來了！

誰呀？

到底是甚麼好東西？藏着掖着不給我看。

哈哈，你上當了！

這是——

沒想到吧？這是我在舊書市場上買來的寶貝。

哈哈哈，還寶貝……

你笑甚麼？

笑死我了，《永樂大典》正本已經失傳很久了！

怎……怎麼可能！那個攤主說……

《永樂大典》的下落成謎，有人認為它毀於明萬曆年間的一場火災，也有人認為它毀於清朝時的一場大火，還有人認為它殉葬於嘉靖帝墓永陵。

《永樂大典》自編成以來一直藏於深宮，真正接觸過此書的人並不多，相傳嘉靖帝特別喜歡它，而且嘉靖年後很少見到和它有關的記載。

嗚嗚嗚……這是我花了好多錢買的……

要不你賣給我吧！

真的嗎？那你給我 1000 元就行，只是你買來做甚麼呀？

哈哈，我家的枕頭睡着不太舒服，這套書還蠻適合用來當枕頭的。

10 元錢買來的枕頭，還是不太舒服。

《永樂大典》全書 22937 卷，11095 冊，代表了中國古代科學文化的光輝成就。據説參與編纂此書的有三千多人，歷時多年。但是令人遺憾的是，明末清初時，《永樂大典》的正本不知去向，至今下落成謎。除了「火燒説」「殉葬説」，還有人認為它被藏在了大內藏書室的夾牆裏，只是至今沒有被發現。

# 《紅樓夢》後40回究竟是誰寫的？

你幹嗎鬼鬼祟祟的？

我是怕被雞賊殭屍看到，要是被他看到的話，這點元宵肯定不夠吃！

這你就不必擔心了。

今天是元宵節，我帶了很多元宵，我們快點進屋去煮吧！

他從前天起就在我家的廚房住下了。

我來幫你煮元宵吧！

甚麼？

元宵等一會兒再煮，今年我們要過一個《紅樓夢》裏的元宵節！

好漂亮啊！

這可是我跟淘金殭屍一起按照《紅樓夢》裏的描寫來佈置的。

《紅樓夢》就是一座寶藏，不僅文筆優美，而且對舊時的習俗、食物、服飾等都有非常翔實的描寫，是研究歷史的重要資料。

今天我們就像《紅樓夢》中賈府裏的人那樣猜燈謎吧！

等等，你剛才可沒說還要猜燈謎呀！

太好了！我最喜歡猜燈謎了！

第一個燈謎的謎底是一件日常用品，你們誰能猜出來我就將這件東西送給他！

我知道！我知道！

南面而坐，
北面而朝；
象憂亦憂，
象喜亦喜。

這是《紅樓夢》第 22 回中賈寶玉出的謎語，謎底是鏡子！

沒錯！照鏡子的人看着南面，鏡子裏的人自然看着北面；照鏡子的人開心，鏡子裏的人就開心；照鏡子的人難過，鏡子裏的人就難過！

這個燈謎是賈元春寫的，雞賊殭屍你能猜出它是甚麼節日用品嗎？

能使妖魔膽盡摧，
身如束帛氣如雷。
一聲震得人方恐，
回首相看已化灰。

能使妖魔膽盡摧，
身如束帛氣如雷。
一聲震得人方恐，
回首相看已化灰。

猜不出來的話，今晚的元宵就沒你的份！

我只看了一點《紅樓夢》，而你們都把整本書看完了，這個遊戲對我不公平！

其實，現在沒有人看過全本《紅樓夢》。

怎麼可能，我在書店裏就看到過全本 120 回的《紅樓夢》！

據說《紅樓夢》後 40 回是後人在曹雪芹前 80 回的基礎上續寫的。

有人認為後 40 回是清朝的官員高鶚續寫的；也有人認為後 40 回的作者已不可考，高鶚只是編輯、整理了後 40 回。

不過也有人說全本 120 回都是曹雪芹寫的，除了曹雪芹，沒人能完成這樣一部偉大的著作！

瞎說！早在清代就有人指出後 40 回跟前 80 回的文筆不同，而且曹雪芹在前面為人物的命運設計了很多伏筆，全讓高鶚寫沒了！

按你這麼說，《紅樓夢》上還寫着曹雪芹「披閱十載，增刪五次」，說不定曹雪芹只是這本書的編輯呢！

《紅樓夢》後 40 回作者是誰？這個問題一直備受關注，有人認為除了曹雪芹以外，沒有人能完成這樣偉大的作品，全本 120 回都應該出自曹雪芹之手；也有人認為《紅樓夢》後 40 回是曹雪芹留下的散稿，由高鶚整理、續寫而成；不過，也有人認為高鶚續寫缺少充分的證據，續寫者另有他人。

# 伊索真有其人嗎？

我敢保證，只要你給我投資 100 萬，年底我就能幫你賺 10 萬！

走開！別在這裏浪費我的時間！

投資數額可以再商量的！

啊！

竟然敢小看我們公司，一百年後你一定會後悔的！

老板，您沒事吧？

他們公司的錢來路不明，就算給我投資我也不要！

真是吃不到葡萄說葡萄酸……

鱷梨到底給我們投資了多少錢啊？

投資甚麼呀，我們才說兩句話就被人家趕出來了！

變⋯⋯司

老板被趕出來了？

是的，老板這種行為就是「打腫臉充胖子」，和《伊索寓言》裏寫的一樣。

《伊索寓言》說有一隻狗被趕出宴會，摔傷了腿，卻向同伴吹噓是因為自己喝了太多美酒，這種行為多麼可笑呀！

高堅果！

既然你這麼喜歡《伊索寓言》，我就給你一項任務。

甚麼任務？

你知道《伊索寓言》的作者是誰嗎？

《伊索寓言》是古希臘時期的人民集體創作的，也有人認為《伊索寓言》的作者是伊索，他是古希臘著名的文學家，可能來自埃塞俄比亞。

你現在就去把寫這個故事的人給我找來，否則休想回公司！

不能當眾戳穿老板的謊言……

哥哥，你今天怎麼這麼早就下班了？

老板看哥哥工作太辛苦了，就讓哥哥提前回來了。

　　《伊索寓言》是世界上最早的寓言故事集，有人認為它的作者是伊索——一位來自埃塞俄比亞的奴隸，後來他成為希臘著名的文學家、思想家。還有研究者認為，這部作品橫跨不同時間，各篇故事的主題思想並不統一，可能不是由一個人創作出來的，而是古希臘人集體智慧的結晶，伊索只是其中一位重要的作者而已。

隸書起源於甚麼時候？

這不是隸書的「公」字嗎，沒想到你還會寫隸書呢！

我聽說隸書起源於秦始皇時期。

誰跟你說隸書是在秦始皇時期出現的？

書上說的呀！

隸書起源於甚麼時候至今沒有定論。

真的嗎？

你怎麼這麼激動啊？

我喜歡學習隸書，您這麼一說，叫我怎麼淡定啊！

其實，也有人認為隸書出現在秦朝。相傳秦朝有位官吏叫程邈，有感於當時的通用文字篆書結構複雜，書寫不便，於是化繁為簡，發明了隸書。

老師，您這是在逗我玩嗎？

這不能怪火炬樹椿老師，書法本來就是古代先民長期實踐和發展的結果，具體出現的時間很難界定。

向日葵不愧是我的得意門生。

但後來人們發現了《雲夢睡虎地秦簡》，它是早期的隸書作品，成書年代可追溯至秦始皇統一中國以前。

《雲夢睡虎地秦簡》是甚麼呀？

它記載了秦國的法律制度、行政文書等，一部分內容寫於戰國晚期。

只有這一個證據證明隸書不是秦朝時出現的嗎？

原來隸書的歷史這麼悠久，我得更加努力練習才行！

菜問寫的隸書頗有古風啊！

不止如此，四川省青川縣曾經發掘了一處戰國時代的墓葬羣，裏面發現了一件木牘，上面有隸書字樣。

我的作品還沒有完成呢！

是嗎？

完成了。

這是？

這就是我的隸書作品——放學之後！

你以為這是美術課嗎？

火炬樹樁老師說以他的才學已經沒法教我了，讓我來聽您的課。

隸書結構工整、典雅，極具書法之美，是中國書法藝術的一次革新。關於隸書的起源，有許多種説法。最早，史學家們認為隸書起源於秦朝，是秦朝官吏程邈在篆書的基礎上創造的，後來逐漸取代小篆成為官方文字。隨着愈來愈多的墓葬被發掘，人們發現戰國中後期隸書就已出現了，並且隸書可能不是一人所創，而是古代先民長期實踐和發展的結果。

藝術領域中的
謎團

　　《藍色房間》創作於 1901 年，是繪畫大師畢加索早期的代表作之一。這幅畫的焦點是一位正在沐浴的女人，她神態安靜，動作舒緩，再加上四處彌漫的藍色，給人一種淡淡的憂傷。後來，這幅畫被美國菲利普藝術博物館收藏。然而，在它問世 53 年時，博物館中的一位工作人員提出這幅畫之下還隱藏着另一幅畫，但在當時，只有刮除油畫的顏料才能驗證，這樣做顯然得不償失，這一懷疑也就不了了之了。

　　20 世紀 90 年代，菲利普藝術博物館對《藍色房間》進行了 X 光掃描，發現它的下面的確有一幅模糊的肖像畫。2008 年，菲利普藝術博物館又祕密地委託國家藝廊、康奈爾大學等機構對這幅畫進行解析，經過紅外線和多譜圖像藝術的復原，人們終於見到了這幅肖像畫的真面目 —— 這是一位蓄着鬍子的男子，他繫着領帶，右手戴着戒指，托腮沉思着。「畫中畫」的祕密直到 2014 年才公之於眾，人們非常好奇畢加索為甚麼要在已有的畫上再次作畫？畫上的男人到底是誰？

　　有人認為畢加索之所以在舊作上作畫，是因為創作《藍色房間》時正處於他人生的低谷期。那時他 20 歲，

沒有名氣，沒有穩定的收入，生活非常拮据，而當時畫布非常貴，他沒有足夠的錢去買新的畫布。與這幅畫同時期的畫作《熨燙衣服的女子》也隱藏着一幅「畫中畫」，這或許說明當時畢加索經常在廢棄的畫布上繪製另一幅作品。

《藍色房間》背後的神祕男子究竟是誰，有眾多猜測。有人認為他是畢加索的自畫像，也有人認為他是巴黎的一位藝術品商人，還有人認為他是畢加索頭腦中的人物，目前還沒有線索證明哪一個猜測更可靠，或許這個謎團將隨着畢加索的逝去成為永遠的未解之謎。

　　《洛神賦》是三國時期著名的文學家曹植的名篇，賦中描寫的洛神「翩若驚鴻，婉若遊龍」，卓爾不羣，高雅脫俗，令許多讀者心嚮往之。因此，歷代文人學者都對賦中「洛神」的原型感到好奇，苦苦追索，試圖揭開這一千古謎團。

　　流傳最廣的說法是洛神的原型為曹丕的妃子甄氏，也就是曹植的皇嫂。甄氏本是袁紹的兒子袁熙的妻子，袁紹兵敗後，袁熙逃走被殺，甄氏被曹丕佔為己有。剛開始曹丕對她十分寵愛，可漸漸移情郭女王，而在曹丕隨曹操出征的時期，她與留守鄴城的曹植惺惺相惜，互相愛慕，後來曹丕即位後處死了甄氏。而《洛神賦》就是在甄氏死後，曹植路過洛水時，因懷念甄氏所寫。這個說法最早流行於唐朝時期，確實與賦中的許多情節相符，但有學者提出甄氏比曹植大 10 歲，她嫁給曹丕的時候是 23 歲，曹植才 13 歲，兩人相戀可能性較小。

　　還有人認為《洛神賦》是曹植仿效屈原的《離騷》「寄心文帝」之作，洛神即文帝曹丕。曹植和曹丕兩兄弟因爭做繼承人一直不睦，最終曹丕勝出，他不僅要剪除曹植的黨羽，還要讓他遠走異鄉，顛沛流離。曹植寫《洛

神賦》是想表達自己的忠君之心，緩和兄弟間的矛盾。
但有人提出《洛神賦》中的洛神無論是容貌還是性情都
舉世無雙，而根據《三國志》《世說新語》的記載，曹

丕雖然在政治上有所作為，但他薄情寡義、虛偽荒淫，
與洛神的「美」並不相符。況且曹植很明白曹丕要將自
己置於死地，這種情況下還「愛君戀闕」，不合情理。

還有一種說法認為洛神是曹植的亡妻崔氏，崔氏是
名士崔琰兄之女，嫁給曹植為妻後，因衣着太過華麗
被曹操所殺。之後數年，曹植都未再娶正妻。而《洛神
賦》中「恨人神之道殊兮，怨盛年之莫當」「嘆匏瓜之

無匹兮，詠牽牛之獨處」等句子，都表現出天人永隔、被迫分離的情形，所以被認為是曹植在悼念亡妻。絕美的「洛神」究竟是誰，恐怕只有曹植自己知道了。

## ? 圍棋到底是誰發明的

圍棋是一項古老的藝術，它是中國人思想與智慧的體現，被認為是世界上最複雜的棋盤遊戲。那圍棋到底源於何時，又是誰發明的呢？

最常見的說法是「堯造圍棋」，認為圍棋產生於原

始社會末期的堯舜時代。傳說，堯的兒子丹朱小時候非常貪玩，不思進取，堯擔心他將來不成器，於是在一塊木板上畫上互相交叉的橫線和豎線，在上面模擬打仗遊戲，以此來教授丹朱兵法，開發他的智力。戰國的《世本》與西晉的《博物志》中都有關於堯造圍棋的記載，不過這兩部作品本身就存在許多待考證的地方，不足為信。

唐朝詩人皮日休則認為圍棋起源於戰國時期，因為圍棋講害詐之術，而堯推崇仁、義、禮、智、信，並以此教化天下，因此圍棋絕不可能是堯所造，只能是戰國時的縱橫家所為。戰國時期也的確出現了大量關於圍棋的文獻記載，例如《關尹子》中提到：「習射、習御、習琴、習弈，終無一事可以一息得者。」《孟子·告子章句上》中云：「今夫弈之為數，小數也。」但這些句子也恰恰說明，此時圍棋已經廣泛流行於各諸侯國間，在信息閉塞的古代，普及一門藝術需要的時間比現在多得多，想必此時圍棋已經經歷了漫長的發展時期，它的起源時間可能遠遠早於戰國時期。

還有一種說法認為，圍棋最早是一種占卜工具。在古代，人們無法準確預料事情的變化和發展，會通過占卜來決定該如何去做。當時部落之間時常會發生戰爭，部落首領們常常畫出棋盤一樣的方格來類比戰場，用黑

色和白色的石子來類比不同的部落，以此推測形勢，這種方式逐漸演變為圍棋。這種說法也在近年來的一些考古發現中得到證實，比如甘肅永昌鴛鴦池遺址出土的彩陶器具上就發現了類似棋盤的圖案。當然，僅憑藉這一點，並不能確定圍棋是由占卜工具轉變而來的。圍棋的發明者到底是誰，只能等待愈來愈多的考古發掘來證實了。

## 音樂是怎麼起源的

音樂是一項非常古老的藝術，一系列的考古材料證明，早在文字出現之前音樂就已經存在了。那麼，音樂究竟是怎麼形成的呢？

關於音樂的起源，最常見的說法是「勞動說」，認為音樂起源於人類的勞動。原始社會人類生產力水平低下，人們不得不集體勞動，其中的動作和呼聲創造了音樂的節奏和韻律，而勞動活動本身也為音樂帶來了豐富的內容。另外，考古學家還發現樂器也可能是在人類的勞動過程中產生的。中國河南舞陽出土的賈湖骨笛，距今 8000 年，它是由獸骨或禽骨鑽製而成的，側面說明

　　了原始人類的音樂與狩獵等勞動活動密不可分。

　　法國哲學家盧梭和英國哲學家斯賓塞則認為，音樂產生於抑揚頓挫的語調。他們認為，音樂與語言都是人類表達情感的重要工具，兩者關係非常密切。例如當人們高興時，自然會先用語言來表達，而當語言無法充分表達時，就會拉長聲調，音樂也就這麼產生了。

　　還有人認為音樂起源於巫術。原始社會，人類無法理解雷電、山洪、乾旱等自然現象，於是便期望通過法術來獲取神祇的幫助，導致巫術盛行。在巫師舉行儀式

時，人們往往需要跳起特定的舞蹈，按照特定的節奏發出特定的聲音，原始音樂可能由此產生。

除此之外還有「情感說」，認為人類還沒有發展出語言時，就知道利用聲音的高低、強弱來表達自己的感情了；「模仿說」則認為人類是從模仿大自然中各種動物的鳴叫聲發展出音樂的。關於音樂的起源還有許多種說法，需要我們繼續研究和驗證，只有探明了它的起源，我們才能更好地理解音樂、認識音樂。

## 唐三彩是用來幹甚麼的

唐三彩全名唐代三彩釉陶器，是盛行於唐代的一種低溫釉陶器，其釉色通常由黃、綠、褐三色構成，因此被稱為「唐三彩」。

長期以來關於唐三彩的作用，不少學者都將它歸為「陪葬器具」，因為大量的唐三彩都是在唐代墓葬中出土的，而且它的防水性能差，實用性遠不如當時已經出現的青瓷和白瓷。但隨着近年來考古研究的發現，唐三彩似乎並不只有冥器一個作用。

有人認為唐三彩還具有宗教用途，最直接的例子是

曾在多地宗教場所中發現了唐三彩的器具。例如，考古學家們曾在唐代長安青龍寺遺址中發現三彩佛像殘片兩枚；陝西臨潼唐慶山寺舍利塔中出土了作為供具和供品的三彩盤和三彩南瓜，這些都能說明唐三彩曾被作為宗教器具來使用。

　　還有人認為唐三彩的另一個重要用途是製造建築材料。中國自公元 4 世紀起，就將這種低溫鉛釉陶器具稱為「琉璃」，魏晉時期琉璃就已經用來建造皇室的大型建築了。考古學家們認為，唐朝也延續了這種做法，將琉璃運用於宮殿或宮殿性質的高級寺廟中。在興慶宮、華

清宮等唐宮遺址中均出土了唐代琉璃，並且在建築物特殊的地方，往往都是由三彩琉璃製成，如用作裝飾的龍首等。

除此之外，還有人認為唐三彩在唐朝時還被當作小孩兒的玩具，有的人家還會拿它當作生活器具，但這些說法都還沒有找到強有力的證據。唐三彩的用途到底還有哪些，相信隨着考古工作的深入，我們會愈來愈明了。

## 史前岩畫究竟為何而作

1879 年，一位名叫馬塞利諾的考古學家來到西班牙的阿爾塔米拉洞窟，他在這裏有一個驚人的發現 ——阿爾塔米拉洞穴的牆壁上畫着各種動物：野牛、野豬、鹿⋯⋯這些岩畫是距今 1 萬年前的史前人類留下的。從這以後，世界各地陸陸續續傳來發現史前岩畫的消息，瑞典的塔努姆岩畫、南非的布須曼岩畫、中國廣西花山岩畫、中國內蒙古陰山岩畫等，其中歷史最悠久的要數法國西南部拉斯科洞窟岩畫，距今約 2 萬年。這些岩畫大都位於陡峭的岩洞，畫着野牛、野馬、山羊

等生物，這讓考古學家們不禁產生疑惑，為甚麼史前人類要歷盡艱辛爬到岩洞中刻畫這些岩畫？

主流觀點認為這是一種近似巫術的儀式，目的是為了祈求狩獵時能獵獲更多的動物。這些岩畫全都位於洞穴深處，絕大多數畫的是動物，並且經常發現不同岩畫相互重疊的現象，這說明史前人類來這兒作畫絕不是為了供人欣賞，他們的注意點不在這些岩畫是否美麗上，而在畫畫這件事本身。考古學家猜測，史前人類會用武器去攻擊繪製在岩壁上的動物，作為他們狩獵前的一種儀式，他們相信，只要岩畫上的動物

受傷，那明天的狩獵定會成功。也有考古學家認為這些壁畫只是史前人類為了記錄所捕捉的獵物而創作的。

不過，也有學者認為這些岩畫並沒有甚麼意義，只是史前人類發洩精力的一種遊戲行為，但正是這種無功利、無目的的遊戲行為，才推動了藝術的產生。史前岩畫的藝術性是不可否認的，但到底是甚麼原因促成了這些岩畫的產生，仍需我們做大量的工作去探究。

責任編輯：華　田

裝幀設計：龐雅美　鄧佩儀

排　　版：楊舜君

印　　務：劉漢舉

# 植物大戰殭屍 2 之未解之謎漫畫 05
## —— 藝術未解之謎

□

編繪

笑江南

□

出版

**中華教育**

香港北角英皇道 499 號北角工業大廈一樓 B
電話：(852) 2137 2338　傳真：(852) 2713 8202
電子郵件：info@chunghwabook.com.hk
網址：http://www.chunghwabook.com.hk

□

發行

**香港聯合書刊物流有限公司**

香港新界荃灣德士古道 220-248 號
荃灣工業中心 16 樓
電話：(852) 2150 2100　傳真：(852) 2407 3062
電子郵件：info@suplogistics.com.hk

□

印刷

**美雅印刷製本有限公司**

香港觀塘榮業街 6 號 海濱工業大廈 4 樓 A 室

□

版次

2023 年 1 月第 1 版第 1 次印刷
© 2023 中華教育

□

規格

16 開（230 mm×170 mm）

□

ISBN：978-988-8809-28-8

植物大戰殭屍 2・未解之謎漫畫系列
文字及圖畫版權 © 笑江南
由中國少年兒童新聞出版總社在中國首次出版　所有權利保留
香港及澳門地區繁體版由中國少年兒童新聞出版總社授權中華書局出版